もし、きみが空き缶を海にすてたら、
それは、目には見えなくなるけれど、
けっして、消えてしまったわけじゃない。

空き缶は、海の底に、ずっと残っている。
生きものたちは、それを見ている。
それといっしょに、生きている。

ミジンベニハゼ

この魚たちは、空き缶を家にしているみたいだ。

この魚も、玄関(げんかん)から顔を出して、近所(きんじょ)のようすをうかがっている。

ニジギンポ

トラギス

空き缶だけじゃない。
空きビンは、敵から身を守るがんじょうなシェルターになる。

トラギス

ほかにも、たとえば、タバコの箱や、

トラギス

カップラーメンのふたが、安全なかけぶとんになり、

カサゴ

アイスの袋（ふくろ）が、快適（かいてき）なしきぶとんになるなんて、
それをすてた人は、想像（そうぞう）もしなかっただろう。

ミジンベニハゼ

魚たちだって、そうだ。
このきゅうすの家が、かつて熱湯(ねっとう)でみたされていたことも、

コウライトラギス

この缶詰の中に、かつてイワシの死体が横たわっていたことも、
魚たちには、想像もつかないにちがいない。

マヒトデ

プリクラと、ヒトデが、ならんでいた。
ヒトデは、なにを思っているだろうか。

ウツボ

かなでるメロディーで人間を楽しませていたエレキギターも、

コウライトラギス

友だちや恋人(こいびと)をつないでいたケータイも、

ホシササノハベラ

インターネットで世界(せかい)とつながっていたノートパソコンも、
魚たちにとっては、海底(かいてい)の石とかわらない。

マダコ

ビールびんの口にすっぽりおさまる、タコの赤ちゃんがいる。

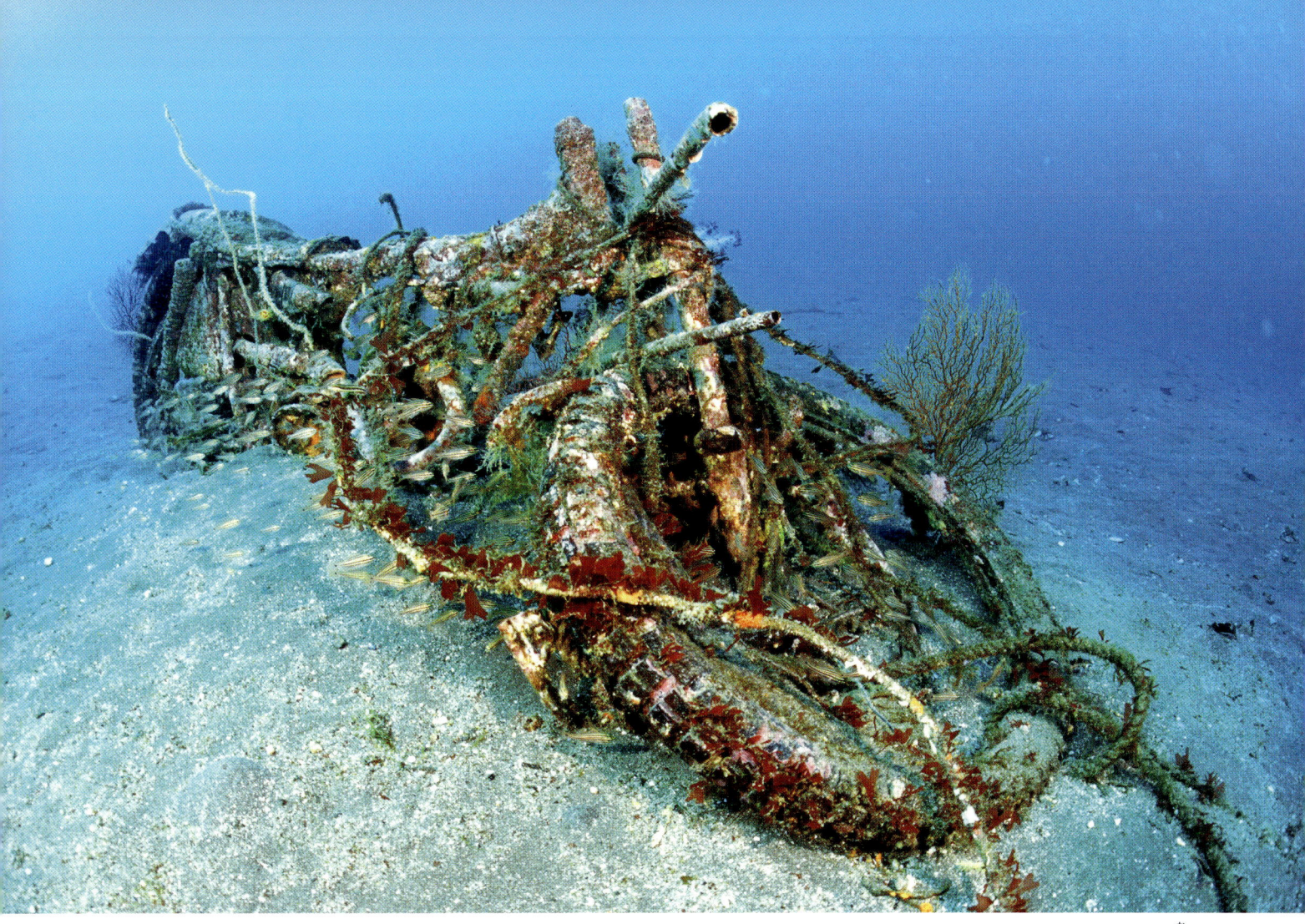

コスジイシモチの群れ

巨大なバイクにむらがる生きものたちがいる。

どこかで見たことのある顔が、
海の中にも。

これは、ウツボの家だったようだ。

ウツボ

キンセンイシモチ

ウツボがいちばんお気に入りの家は、車のタイヤ。

ウツボ、ムレハタタテダイ

人間がいらなくなったタイヤも、
海の生きものにとっては、すみやすい家になる。

ホウライヒメジほか

タイヤのまわりに、たくさんの生きものが集(あつ)まってくる。

ミノカサゴ、カワハギほか

みんないっしょにくらしている。マンションのようだ。

人間がくれたゴミは、
もちろん、
いいことばかりじゃない。

ウツボ

マダイ

うまく利用(りよう)しているものもいれば、苦(くる)しめられているものもいる。
それでも、ゴミの中で、生きものたちは生きている。

アカエソ、ハナハゼ

自然(しぜん)の中で生きることは、たいへんなことだ。

生きものが、生きものを食べる。

マダコ、ミジンベニハゼ

かと思えば、生きものどうしが、同じ家をわけあっていたりもする。

ネコの骨

死がある。

タカベの群(む)れ

生がある。
命(いのち)はめぐっている。

けれど、きみのすてた空き缶は、そこにありつづける。

海の写真家

　ぼくは、海にもぐって写真を撮る、水中カメラマンです。

　山口県の瀬戸内海沿岸で育ったので、小さいころから海は近くにありましたが、本格的に海にもぐって写真を撮るようになったのは、大学生のときに、ダイビングをはじめてからです。
　最初のころは、ほかの多くのダイバーと同じように、海の中のきれいな風景や、きれいな魚ばかりを夢中になって追いかけていました。
　ぼくには、美しい魚たちが集まってくる、お気に入りの場所があって、海にもぐると、そこへ一直線にむかっていたので、その途中の海底のようすなど、ほとんど気にとめることはありませんでした。
　海底に、空き缶やタイヤが点々としている光景を目にしても、
「きたないゴミが落ちてるな」
というていどの感想しかなかったのです。

　でも、海の中になれてくると、少しずつまわりを見るよゆうが出てきます。ある日のこと、移動中の海底で、がれきの中に、なにやらうごめく気配を感じました。
　こちらの動きに合わせて、なにかがさっと動いたようです。

はっとしてがれきの中を見ましたが、なにもいません。ぼろぼろの古いスニーカーが、落ちているだけです。
　ぼくはそのスニーカーを、もう一度よく見てみました。
　すると、その中に、1匹のタコが身をかくしていたのです。
　タコと目が合いました。暗闇の中に光る黄色い目が、じっとこちらのようすを観察しています。
　もっとよく見てみようと、顔を近づけたその瞬間、わっとタコが飛び出してきました。ぼくがびっくりしてのけぞると、タコは飛ぶようにどこかへ消えてしまったのです。
　ぼくはしばらくタコをさがしまわりましたが、どうしても見つかりません。
　もうあきらめて立ち去ろうと、さっきのスニーカーに目を落とすと、タコはいつの間にかそこにもどってきていて、なにくわぬ顔ですっぽりとおさまっているではありませんか。
　タコのみごとな「かくれ身の術」にしてやられ、ぼくは思わず、水中で笑ってしまいました。

　その小さなできごとが、ぼくにとっては大きなきっかけになりました。
「人間がすてたものを利用して、たくましく生きている生きものがいる！」
　ということに初めて気づいて、その後、海底に放置されているさまざまなゴミを、意識的に観察するようになったのです。ほかにもいろいろな生きものが、ゴミを利用して生きていることがわかりました。ぼくはどんどん、ゴミの撮影に没頭するようになっていきました。

空き缶の中にすむ魚

　それからというもの、ぼくは、ゴミの中でくらすたくさんの生きものを見てきました。なかでも、いちばんじょうずにゴミを利用しているなあと思うのが、ミジンベニハゼという魚です。

　三十数年前、ぼくが伊豆の海にもぐりはじめたころ、この魚を見ることはまったくといっていいほど、ありませんでした。
　しかし、海底に落ちている空き缶の数がふえてくると、ちょっとようすがかわってきました。
「空き缶に、黄色い小さな魚がすみついているのを見た」
　という話が、ダイバーたちの間でひろまりはじめたのです。
　この魚をつかまえるのは、たやすいことです。なにしろ、空き缶の中に引っこんだら、穴をおさえて空き缶ごと持ってくればいいのですから。じっさいに、ある人がそうやってつかまえたこの魚を、魚類学者の先生に見てもらったところ、「ミジンベニハゼ」という名

前がわかったのでした。
　本来、ミジンベニハゼは死んだ巻き貝の貝殻に卵を産んで、子育てをします。そんなかれらの習性にぴったりだったのが、貝のようにがんじょうな、ビンや缶だったのでしょう。
　もともと、伊豆ではそんなに数の多くなかったミジンベニハゼですが、20年ほどの間に、海底の空きビンや空き缶がふえるにしたがって、目にすることも多くなりました。今では、伊豆の海の代名詞ともいえるような存在になったのです。
　エメラルドグリーンの目を持つ、この小さな愛くるしい魚は、たちまちダイバーたちの心をとりこにしてしまいました。ミジンベニハゼ見たさにダイビングをはじめた、という人も多いようです。

　海にもぐって、よく観察すると、ミジンベニハゼの子育てのようすもよくわかります。
　ビンや缶の中に、メスが黄色い半透明の卵をびっしりと産みつけ、それをオスがつきっきりで見守ります。
　産んでから、卵がかえるまでは、約1週間かかります。
　ある人の観察では、6月から12月の半年間に、同じ缶の中で12回も卵がかえった記録があるそうです。
　ミジンベニハゼは、人間のすてたゴミを利用して、その数をふやしてきたわけです。
「ニンゲンのみなさん、たくさんのゴミをありがとう」
　もしも、ミジンベニハゼたちがしゃべれたら、こんなふうに感謝されてしまうかもしれませんね。

コワモテだけど愛らしい──ウツボ

　海の中で撮影していると、ときに危険もあります。

　以前、海外で撮影していたときのこと。とつぜん、太ももにするどい痛みが走りました。

　見ると、小さなウツボが、ウエットスーツごしにガブリとかみついています。そこから、青い血がドクドクと流れはじめました。（海の中では赤い光が吸収されるので、血が青く見えるのです！）

　すぐに海から上がって、脱いだスーツを太陽にかざしてみると、みごとに歯形の穴があいていて、そこから光の筋が差しこんできます。気がつかないうちに、ウツボのなわばりに侵入して、怒りを買ってしまったのでしょう。

　ウツボの口の中には、するどくとがったカミソリのような歯がならんでいます。「凶暴な海のギャング」という、悪役のイメージをもつ人がいるのも、うなずけます。

　こんな気の荒いウツボもいますが、日本で見られるほとんどのウツボは性格がおだやかで、とても恥ずかしがり屋が多い、というのがぼくの印象です。

　ぼくはウツボに出会うと、間合いを見て、じょじょに近づきます。あるていど近づいたところで、まず写真を撮ります。

　それでも動じないようなら、のどを指でコリコリとかいてやります。すると、とても気持ちよさそうに、じっとしているヤツもいるんです。まるで、子犬のように……。

自分自身、かまれたこともあるのに、ぼくにとってウツボはやはりゆかいで、愛敬があって、平和の象徴のような魚なのです。

　ウツボは本来、岩にあいた穴や、岩のかげに身を寄せてくらしています。
　でも、伊豆で見かけるかれらには、お気に入りの家があります。それは、タイヤです。
　その大きさと、絶妙なカーブが体にフィットするようで、タイヤの中から上半身をもたげて、あたりを見わたしているウツボをよく見かけます。
　ビンや缶と同じように、タイヤは海底で着実にふえています。その多くは、溝がなくなってツルツルになっているので、中古の廃タイヤだとわかります。おそらく、船体を保護するために船につけられていたタイヤでしょう。
　このような大きな廃棄物は、いったん海にしずんでしまうと、そう簡単に陸に引き上げることはできません。ゴムでつくられているタイヤは、いつまでもそこにありつづけるのです。

死を待つ魚の目

　ミジンベニハゼのように、人間が海にすてるゴミを利用して、その数をふやしてきた生きものもいます。
　そのたくましさには、ほんとうに感心しますが、もちろん、ぼくは「ゴミをすててもだいじょうぶ」と言いたいわけではありません。

　最近、もぐっていてよく見かけるのは、釣り糸にからまって動けなくなっている魚たちや、釣り針を飲みこんだまま釣り糸を引きずっている魚たちの姿です。
　釣り人が海に投げこんで、糸から外れてしまった釣り針は、タイヤと同じように、二度と引き上げられることはありません。
　海底に落ちている釣り針は、少しずつでも確実にふえていて、生きものたちを苦しめているのです。
　それから、すてられた魚網にからまって、のがれられなくなり、そのまま死んでいく魚たちもいます。
　このところ、使われなくなった網がそのまま海底に打ちすてられているのを、よく見るようになりました。
　すてられた網は、その場所で半永久的に、波にゆられつづけます。たまたまそこを通りがかった魚たちは、まきこまれて命を落としてしまいます。釣り針や魚網は、もともと魚をとるためにつくられたものなので、ゴミになっても、その機能は残っているからです。
　とても悲しいことです。
　あるときも、海底に放置されたエビとり用の仕掛け網に、オニカサゴがからみついていました。写真を撮っ

たあと、なんとか網から外してやろうとしましたが、こうなってしまっては、もはやどうにも助けようがありません。

カッと見開いたオニカサゴの目は、とても澄んでいて、それがまた、ぼくの胸を打ちました。

海の底でその数をふやしている、空き缶や空きビン、タイヤなどのなにが問題かというと、それらは分解されることなく、そこにずっと残ってしまうことだと思います。

たとえば空き缶は、ミジンベニハゼのくらしにぴったりの、最新型の家かもしれません。でも、こわされることなく、新しい家ばかりがどんどんふえつづけていったら、最後にはどうなってしまうでしょうか？

海のゴミの問題

　もし、あなたの家の近くに海があるなら、一度、海岸に落ちているゴミに気をつけながら歩いてみてください。タバコのすいがら、ビニール袋、お菓子の袋……。さまざまなゴミを見つけることができるでしょう。そして、海岸からは見えない海の中にも、やっぱりたくさんのゴミがしずんでいます。ぼくの写真を見て、それを実感できたのではないでしょうか。

　海には、たくさんのゴミが集まってきます。魚網や、発泡スチロールでできた浮きなど、漁業に関係するものもあれば、缶・ビン・ペットボトルなど、わたしたちのふだんの生活から出てきたものもあります。

「わたしは、海にゴミをすてたことはないから、悪くない」

と思うかもしれません。でも、海の中にあるゴミは、直接海に投げこまれたものだけではなく、海に流れこんできたものも、たくさんあります。

　たとえば、だれかがなにげなく、お菓子の包み紙のような小さなゴミを、道路にすてたとしましょう。もし、そこに雨がたくさんふると、ゴミは雨水といっしょに、道路のわきにつくられた「雨水マス」に流れこみます。雨水マスは川につながっていますから、ゴミは川へ流れていき、最後には、海へと運ばれていきます。

　基本的に、すべての水は、海へと流れていくようになっていますから、その中にふくまれたゴミも、海に運ばれていくのは、当然のことなのです。

　海のゴミの一部には、外国の文字が印刷されていて、遠くほかの国から流れてきたことがわかるものもあります。一方で、ハワイやアメリカ合衆国の西海岸には、日本からはるばる流れていくゴミもあるそうですから、

おたがいさまです。ぼくが撮ってきた写真は、ほとんどが伊豆の海のものですが、このような風景は、世界各地の海で見られるのでしょう。

　ゴミの問題は、「量」だけではなく、その「質」にもあります。
　海の中で、よく目にするゴミに、飲みものの容器があります。缶はアルミや鉄、ビンはガラス、ペットボトルはプラスチックの一種からつくられています。なかでもガラスやプラスチックは、時間がたっても、くさることがありません。おもにゴムでつくられている、車のタイヤも同じです。微生物によって分解されて、養分にかわることがないのです。
「くさらない」というと、いいことのようにも思えますが、つまりは、一度すてられると、ずっとそこに残ってしまうということ。だから、ゴミはふえる一方です。
　もちろん、この問題を深刻に考えている人もたくさんいて、ボランティアなどによる海岸の清掃活動も、各地で行われています。でも、海から引き上げたゴミは、よごれがからまっていることが多いため、分別するのが難しく、水分や塩分が多いため、焼却処理にもむかないといいます。問題の解決は、簡単ではないのです。

海中で見つかったゴミの割合

日本全国の海中から採取されたゴミのうち、陸から来たと考えられるものの割合。「クリーンアップキャンペーン2007リポート」をもとに作成。

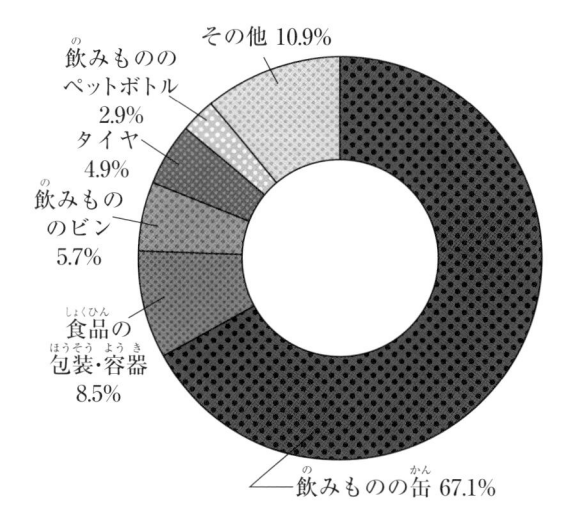

- その他 10.9%
- 飲みもののペットボトル 2.9%
- タイヤ 4.9%
- 飲みもののビン 5.7%
- 食品の包装・容器 8.5%
- 飲みものの缶 67.1%

命の循環

スニーカーの中のタコに出会って、海底のゴミに興味をもつようになった、という話をしましたね。

そんなこともあって、ぼくにとってタコは思い入れの深い生きものです。

でも、そのタコには「天敵」がいます。ぼくの好きな、ウツボです。天敵というのは、ある動物をつかまえて食べる、ほかの動物のこと。ようするに、ウツボはタコが大好物だということです。

ある秋、ぼくは、タコがタコツボの中で卵を産んでいるのを見つけました。その日から、卵を守る母ダコのようすを、毎日楽しみに見つめていました。

ところがある日、

「あれ？　タコツボの主がかわってる！」

その長い胴体をタコツボの中にきゅうくつそうに押しこんで、こちらをながめているのは、

タコではなく、ウツボだったのです。
　その朝、別のダイバーが、その場所でタコと格闘するウツボを見たと、あとから聞きました。母ダコがこのウツボのえじきになってしまったことは、まちがいありません。
　そうなると、そこで大事に育てられていた卵たちも、ひとたまりもありません。まわりで待ちかまえていたトラギスや、ヒメヨウラクなど肉食性の巻き貝に、あっという間に食べつくされてしまいます。
　けっきょく、その場所での子育ては、タコにとっては悲惨な結果に終わってしまったようです。
　まさに、「弱肉強食」の世界です。
　母ダコと卵たちにはかわいそうですが、かれらは、ウツボの栄養となります。命は、ほかの命のために、使われていくのです。

　一度すてられると、ずっとそこに残ってしまう、ビンやタイヤなどのゴミとちがって、生きものたちは、その命を終えると、ほかの命の一部になって、うけつがれています。
　海にもぐって、生きものを観察していると、そのたくましい「生き方」だけではなく、「死に方」も見ることができます。
　死んでいく命、生まれてくる命を目にすると、「命の循環」のすばらしさを感じるのです。

海の役割

　わたしたちは、陸の上で生活しているので、海の大きさについて、あまり実感する機会がありません。
　けれど、地球の表面積の7割は、海によってしめられています。海の深さは、平均で3800メートルもあるそうです。海には、陸地とはくらべものにならないほど、巨大な世界がひろがっているのです。
　海を中心にして、地球の上では水が循環しています。海の水は、太陽のエネルギーであたためられて、蒸発します。水蒸気は、雲になり、雨となって、地表にふりそそぎます。陸地にふった雨は、ふたたび海へと流れていきます。
　この「循環」がなければ、わたしたちは生きていくことができません。
　もちろん、地震によって津波がおしよせたり、潮で作物がかれてしまったりと、海は人間にやさしい顔を見せているばかりではありません。でも、それ以上に、たくさんの「めぐみ」をもたらしてきました。
　とくに日本は、四方を海にかこまれた国です。むかしから、日本人は、海から魚や貝、海藻などの食べものをとり、海水から塩をつくってきました。
　春には潮干狩り、夏には海水浴など、海はわたしたちに楽しみもあたえてくれました。そういうぼくも、海の近くで育ったので、夏休みになると、毎日家から海パンをはいて海水浴場へ行って、遊んでばかりいました。真っ黒に日焼けしていたので、「こげたヤキソバ」というあだ名をつけられたものです。
　その後、ダイビングをはじめたり、海の中の写真を撮るようになったりしたのも、やっぱり海が好きだったから。海の魅力にとりつかれたからだと思います。

その大きな海は、陸地でいらなくなったものをうけとめて、海の生きものたちの養分にかえるという、大きな役割も果たしてきました。大むかしは、土や石、かれた木、動物の死がいなどだったでしょう。人間が誕生して、ゴミを出すようになっても、それをうけいれてきました。
　けれど、このところ人間は、自然にかえらないゴミを、あまりにも大量に、海に押しつけるようになってしまったように感じます。
　ぼくが写真におさめてきた、小さな生きものたちは、空き缶や空きビン、タイヤなどの中で、たくましく生きようとしています。その姿は、ぼくには、人間の出したゴミを必死にうけいれようとしてくれている、海の姿をあらわしているように思えるのです。
　でも、そんな海に、いつまでも甘えていていいのだろうか？
　ぼくの中には、そんな疑問が生まれています。

「水に流す」

　海の魅力にとりつかれ、ぼくは30年以上、伊豆の海にもぐりつづけてきました。
　スニーカーから顔を出すタコに出会ったことをきっかけに、ぼくは海の中のゴミと、そこでくらす生きものたちを見てきました。
　ぼくが見たのは、人間のすてたゴミが、海の中でたしかにふえつづけるようすでした。
　ぼくが見たのは、そのゴミに苦しめられながらも、一方ではゴミを利用して、したたかに生きている生きものたちの姿でした。
　そして、ぼくは、見たものを「水中写真」という方法で記録してきました。
　もちろん、ぼくの写真は、広大な海のほんの一部を切り取ったものにすぎません。
　でも、写真を見てもらうことで、「眉間にしわを寄せて環境問題を話し合う前に、自分たちのまわりにある、身近な海の中をのぞいてみようよ」と、言いたいのです。

　「水に流す」という言葉を聞いたことがありますか？
　「過去のけんかは水に流して、仲良くしよう」などというふうに使います。よごれたもの、いやなものを、川に流すことがもとになった言葉で、日本独特の言い回しだそうです。
　大むかしから日本人は、夕飯の食べかすも、先祖の霊も、みんな川に流す生活をしてきました。
　川に流したものは、都合よくわたしたちの目の前から消え、見えなくなります。川の流れていく先には、な

んでもかんでも飲みこんでくれる、「海」というほとんど無限の存在があったからです。
　すべて水に流せば、それでいい。そういう時代が長くつづいていました。
　しかし、人間がふえて、ものを大量につくり、大量にすてる社会になって、そんなことは言っていられなくなってきました。
　目の前から消えたものは、けっしてこの世から消えてなくなったわけではないのです。それは、考えてみればあたりまえのことですが、わたしたち人間は、それに気づかないふりをしてきたのかもしれません。

　よかったら、もう一度この本の最初にもどって、ぼくの写真をじっくりとながめてみてください。
　海の生きものたちが、なにかをうったえているように見えてきませんか？

大塚 幸彦（おおつか ゆきひこ）

1958年、山口県生まれ。上智大学在学中の1978年にダイビングと水中写真を始める。独学で写真を学び、伊豆の海を拠点に、世界各国の海で生きものの生態を記録しつづける。とくに、人間の捨てたゴミとともに暮らす海の生きものの撮影をライフワークとしている。日本写真家協会会員。1992年、第9回アニマ賞受賞。2009年、『うみのいえ』(岩波書店)で第40回講談社出版文化賞写真賞を受賞。

本書18〜19ページの写真を撮影する著者　　撮影・中野誠志

装幀　城所 潤（Jun Kidokoro Design）
本文レイアウト　脇田明日香

世の中への扉　ゴミにすむ魚たち

2011年6月26日　第1刷発行
2021年9月1日　第7刷発行

文・写真　大塚幸彦

発行者／鈴木　章一
発行所／株式会社　講談社
〒112-8001　東京都文京区音羽2-12-21
　　　電話　編集／03-5395-3535　販売／03-5395-3625　業務／03-5395-3615
印刷所／NISSHA株式会社　製本所／大口製本印刷株式会社

KODANSHA

落丁本・乱丁本は、購入書店名を明記のうえ、小社業務あてにお送りください。送料小社負担にておとりかえいたします。
なお、この本についてのお問い合わせは、児童図書編集あてにお願いいたします。定価はカバーに表示してあります。
本書のコピー、スキャン、デジタル化等の無断複製は著作権法上での例外を除き禁じられています。本書を代行業者等の第三者に依頼してスキャンやデジタル化することはたとえ個人や家庭内の利用でも著作権法違反です。
©Yukihiko Otsuka 2011 Printed in Japan　N.D.C.487 47p 19cm　ISBN978-4-06-216959-2